图书在版编目（CIP）数据

咚咚咚，敲响编程的门. 6, 和编程机器人在书中旅行 / (韩) 许恩实著 ; (韩) 金由大绘 ; 程金萍译. —青岛 : 青岛出版社, 2020.7

ISBN 978-7-5552-9284-5

Ⅰ. ①咚… Ⅱ. ①许… ②金… ③程… Ⅲ. ①程序设计－儿童读物 Ⅳ. ①TP311.1-49

中国版本图书馆CIP数据核字(2020)第116733号

Momo in Wonderland with Coding Robot
Text © Heo Eun-sil (许恩实)
Illustration © Kim You-dae (金由大)
Copyrights © Woongjin Thinkbig, 2020
All rights reserved.
This Simplified Chinese Edition was published by Qingdao Publishing House Co.Ltd. in 2020, by arrangement with Woongjin Think Big Co., Ltd. through Rightol Media Limited.
(本书中文简体版权经由锐拓传媒旗下小锐取得Email:copyright@rightol.com)

山东省版权局著作权合同登记号　图字：15-2020-200

书　　名	咚咚咚，敲响编程的门⑥：和编程机器人在书中旅行
著　　者	[韩] 许恩实
绘　　者	[韩] 金由大
译　　者	程金萍
出版发行	青岛出版社
社　　址	青岛市海尔路182号（266061）
本社网址	http://www.qdpub.com
邮购电话	0532-68068091
责任编辑	王建红
美术编辑	于　洁　李兰香
版权编辑	张佳琳
印　　刷	青岛乐喜力科技发展有限公司
出版日期	2020年7月第1版　2020年7月第1次印刷
开　　本	16开（889mm×1194mm）
印　　张	17.5
字　　数	210千
书　　号	ISBN 978-7-5552-9284-5
定　　价	182.00元（全7册）

编校印装质量、盗版监督服务电话　4006532017　0532-68068638
建议陈列类别：少儿科普

咚咚咚,敲响编程的门

和编程机器人在书中旅行

[韩]许恩实/著

[韩]金由大/绘

程金萍/译

青岛出版社
QINGDAO PUBLISHING HOUSE

今天，默默看起来很不开心。

原来，她正在向哥哥学习折纸船，可是她折出来的纸船总是不好看。

"你折的是纸船吗？明明就是一个皱巴巴的球嘛！你得像我这样按顺序慢慢折才行。"哥哥跟默默开玩笑地说道。

折纸船的步骤

这时，妈妈喊默默一起去超市。

"超市？"默默说着，拿起袜子蹦蹦跳跳地跑向玄关。

不过，她穿上鞋后才发现，自己竟然忘了穿袜子。

"默默，你怎么这么马虎呀，你是想把袜子穿在鞋子外面吗？"妈妈无奈地说道。

听了妈妈的话，默默脱下鞋子，将袜子穿上了。

默默从超市回到家后，开始整理自己的房间。

"默默，你得先想想该怎么整理，可不要马虎哦。"哥哥对她说道。

"哼，你只不过是挖鼻孔队的队长，竟敢对我下命令！"默默嘀嘀咕咕着，她从书架上拿出一本自己很喜欢的书。

这时，一个玩具突然掉在了她的脚上。

默默吓了一跳，低头一看，原来是哥哥的挖鼻孔机器人。

"哎呀，这个挖鼻孔机器人怎么在这里啊？"默默说完，嗖的一声将机器人一脚踢远了，而她刚刚拿的那本书却啪的一下掉在了地上。

令人惊讶的事情发生了。突然，从那本书里射出一束耀眼的光，默默和挖鼻孔机器人就这样一起被吸进了书里。

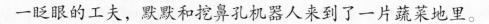

　　一眨眼的工夫，默默和挖鼻孔机器人来到了一片蔬菜地里。

　　"挖鼻孔机器人，这是哪儿啊？"默默好奇地问。

　　"我不是挖鼻孔机器人，而是编程机器人。我们现在在你喜欢的那本书里。"挖鼻孔机器人解释道。

　　听了挖鼻孔机器人的话，默默还是一头雾水。

　　这时，她看到一群人正在拔一个巨大的萝卜。

　　"啊，他们就是《拔萝卜》故事里出现的老爷爷一家人吧？挖鼻孔机器人，我们过去帮他们拔萝卜吧。"默默提议道。

就这样，挖鼻孔机器人抓着默默，默默抓着孙女，孙女抓着老奶奶，老奶奶抓着老爷爷，老爷爷则使劲抓着萝卜叶，他们开始齐心协力拔萝卜。

可是，那个巨大的萝卜还是纹丝不动。

默默擦了擦脸上的汗珠，说道："单靠我们几个人的力量根本拔不出这个大萝卜，要不我们去拔别的萝卜吧？"

"这是我们辛辛苦苦才种出来的大萝卜，绝对不能放弃。"老爷爷反对默默的提议，他建议大家再想想别的办法。

这时，挖鼻孔机器人拍着手说道："大家的主意都不错！为了解决难题，我们会想出一些办法，而这些办法被称为**算法**。"

"啊，算法是什么啊？"默默好奇极了。

听到默默的疑问，挖鼻孔机器人兴奋地回答道："算法就是为了达到某种目的而采取的方法！"

哈！算法！

　　老爷爷、老奶奶和孙女三个人互不相让，他们都觉得自己的办法是最好的。

　　他们问默默到底谁的主意最好，"呃，你们的办法都不错。"默默模棱两可地回答道。

　　这时，挖鼻孔机器人插话道："默默，你要好好想想看，哪种办法既简单又快速。"

　　"怎么回事啊？你竟然和我哥哥一样啰唆……我觉得老奶奶的办法最好。"默默想了想回答道。

听到默默这么说，老奶奶连忙将周围的邻居全都召集过来。

在大家的努力下，这个巨大的萝卜终于被拔了出来。默默和挖鼻孔机器人一下子被甩飞了。

就在他们的屁股着地的一瞬间，只听嗖的一声，他们又来到了另外一个故事！

咚！

现在，他们正站在一片森林里。

"这个地方又是哪里啊？"默默疑惑地嘟囔着。

突然，挖鼻孔机器人被一个东西猛地罩住了，它摇摇晃晃地摔倒在地。

"抓住了！啊，这也不是兔子啊！"默默定睛一看，发现说话的竟然是一只穿靴子的猫。

"你就是穿靴子的猫吗？你是在抓兔子？"默默兴高采烈地问道。

"嗯，不过，我现在连兔子的尾巴都没有抓到。"穿靴子的猫说着，脸上露出一副非常失望的表情。

"挖鼻孔机器人，我想帮一下这只猫，我该怎样做呢？"默默问机器人。

"要想抓住兔子，得确定算法才行。你可以多想几种方法，然后从中选出最好的，再按顺序执行就可以了！"挖鼻孔机器人说道。

✦ 抓兔子的几种方法

方法1

方法2

方法3

1. 找一个树杈，绑上皮筋，做成弹弓。

2. 在弹弓的皮筋上放一个石头。

3. 对准兔子，使劲拉动皮筋。

4. 猛地松手，将石头弹出去。

这还是算法！

在穿靴子的猫的帮助下，默默想到了很多种算法。

"做得好！在想到的这些算法中选出一个最好的，这样就可以很快抓到兔子了！"

默默和穿靴子的猫不知道哪个算法才是最好的，他们打算先从第一个开始尝试。

不过，不知道为什么，他们把每个方法都尝试了好几遍，但最后都以失败告终。

"我们已经忙活了几个小时了，我的头好晕啊！"默默说完，一屁股瘫坐在地上。

这时，穿靴子的猫灵机一动，想到了一个好主意："不要再追兔子了，我们可以挖一个陷阱，然后守株待兔！"

"啊，这也是很好的算法！"挖鼻孔机器人附和道。

于是，默默和穿靴子的猫开始挖洞，

然后他们用树叶将洞口盖住，

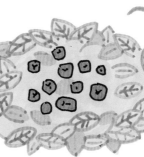

这个算法简直太棒了！

最后在树叶上放一些胡萝卜块。

没过多久，一只兔子就蹦蹦跳跳地过来了。

它刚要吃胡萝卜，一下子就掉进了洞里。

"抓到了！"大家欢呼道。

默默和挖鼻孔机器人拥抱在一起，兴奋地手舞足蹈。

没想到，他们一下子踩空了，只听咣当一声，他们也不小心掉进了洞里。

就这样，默默和挖鼻孔机器人又进入了另一个故事！

这次，他们来到了一片幽深的森林，四周黑漆漆的，耳边还时不时地传来狼的嚎叫声。

默默和挖鼻孔机器人吓得四处乱跑。

这时，他们迎面看见两个孩子跑了过来，是韩赛尔和格蕾特！

默默问韩赛尔和格蕾特："你们也迷路了吗？"

"嗯，我们的家在溪水旁，我们正在找能听到水声的地方呢。"韩赛尔和格蕾特回答道。

听到他们这么说，默默提议道："我们也想从这里走出去，我们能和你们一起吗？"

韩赛尔和格蕾特点了点头。

啊！

他们走了好大一会儿，终于隐约听到了水声，紧接着，一条小溪映入眼帘。

可是，格蕾特却委屈地说："啊，我好饿啊！"说着，她一屁股瘫坐在了石头上。

默默忽然想起来，自己曾经和哥哥去小溪里捕过鱼，便说道："我们去小溪里捕鱼吃吧！"

我们用什么来捕鱼呢?

我们可以用芦苇来制作捕鱼的工具。大家一起动手吧!

那我们先来确定一下制作工具的顺序吧?

没错!
要想找到更好的算法,最重要的就是确定正确的顺序。
按顺序执行指令的过程被称为顺次。
我——挖鼻孔机器人,也是根据指令按顺序一丝不苟地工作的!

在韩赛尔和格蕾特的帮助下，默默确定好了制作捕鱼工具的方法和顺序。

"好了，我们开始制作工具吧！"默默说完后，三个人齐心协力，不一会儿就把工具做好了。

✦ 制作捕鱼工具的方法

1. 将芦苇弯成"ㄱ"形。

2. 将弯成"ㄱ"形的芦苇编织起来。

3. 将编织好的芦苇卷起来捆住，并将其中一端用力扎紧。

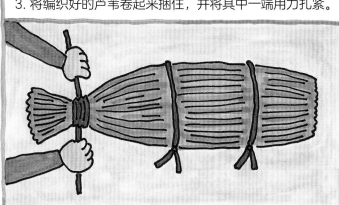

4. 将弯成"ㄱ"形的芦苇的另一端用力撑开。

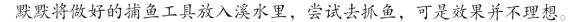

默默将做好的捕鱼工具放入溪水里，尝试去抓鱼，可是效果并不理想。

"你应该先用石头做个堤坝，然后再把这个工具放进去。"挖鼻孔机器人又开始像默默的哥哥一样唠叨了。

默默按照他的办法垒了一个堤坝，把捕鱼工具放进去。

果不其然，不一会儿，她就捕到了鱼！

"挖鼻孔机器人，你真是天才啊！"默默高兴地喊着，一把抱住了机器人。

结果，只听扑通一声，他们竟然掉进了水里。

一眨眼的工夫，他们又穿越到了另一个故事里！

这一次，他们来到一座高高的塔里，塔里住着一个长发姑娘。

"这座塔这么高，也没有门，你们是怎么进来的？"长发姑娘问道。

"我们是从那扇窗户里进来的。不过，你是不是被女巫困在高塔里的长发姑娘啊？"默默好奇地问道。

只听长发姑娘长叹一口气，说道："没错，是女巫把我困在这里的。她偶尔也会过来，然后拽着我的头发爬上来，每次都把我的头拽得生疼。我好想赶紧离开这个令人痛苦不堪的地方！"

"别担心，我们会帮助你的。"默默看向挖鼻孔机器人，问道，"你说该怎么办？"

挖鼻孔机器人回答道："当然了，只要你能想到一个最合适的算法……"

这座塔太高了，不能直接往下跳。

对啊，这里既没有梯子，也没有长绳子。

长绳子？我们用床单和被子做绳子怎么样？

好主意！

不过，绳子要绑在哪里呢？

我在电影里看到过，可以绑在窗帘下面。

　　默默、挖鼻孔机器人和长发姑娘将床单和被子系在一起，做成一根长绳子。

　　他们将绳子绑在窗帘下端，然后将绳子从窗口顺下去。

　　可是，绳子末端离地面还有很长一段距离。

"看来，我这辈子都要待在这里了。"长发姑娘失落地说。

"不会的。我们再找一些布，然后慢慢地制订计划就可以了。"默默安慰长发姑娘。

听到默默这样说，挖鼻孔机器人附和道："默默，你说得太对了！没错，我们先把要做的事情按顺序确定一下吧。"

默默、挖鼻孔机器人和长发姑娘把衣橱里的衣服全都拿出来，准备好布以后，开始制订周密的计划。

逃出高塔的方法

1. 将布系起来，做成绳子。	2. 将绳子系在窗帘下端。	3. 将绳子从窗口顺下去。	绳子够得着地面吗？

经过多次尝试，绳子终于够得着地面了。

默默和挖鼻孔机器人带着长发姑娘开始往下爬。

他们顺着绳子，每一步都走得小心翼翼。走到一半的时候，默默突然不小心松开了手。

啊！

　　默默吓得大喊一声，赶紧睁开了眼睛，发现此时此刻自己正坐在卧室的床上，手里还捧着那本自己很喜欢的书。

　　哥哥听到默默的喊叫声，赶紧跑了过来，担心地问道："默默，你怎么了？咦，我的编程机器人怎么跑到这里来了？"

　　"哥哥的声音和挖鼻孔机器人的声音怎么这么像啊？"
默默觉得很奇怪。

　　"什么？"哥哥完全不明白默默在说什么。

　　这时，默默摆摆手说道："没事。哥哥，你来教我编程吧。
我想从现在开始，遇到问题多想一些办法，然后好好制订
计划。"

　　"既然如此，你要不要先想办法把你的房间快速地整
理干净呢？"哥哥笑着说道。

什么是算法?

　　遇到困难时,为了解决问题,大家会想出各种各样的办法。而算法指的就是我们为了解决问题、达成目标而采取的办法。

　　在面临"跨过泥坑"这个难题时,大家会想到什么样的算法呢?

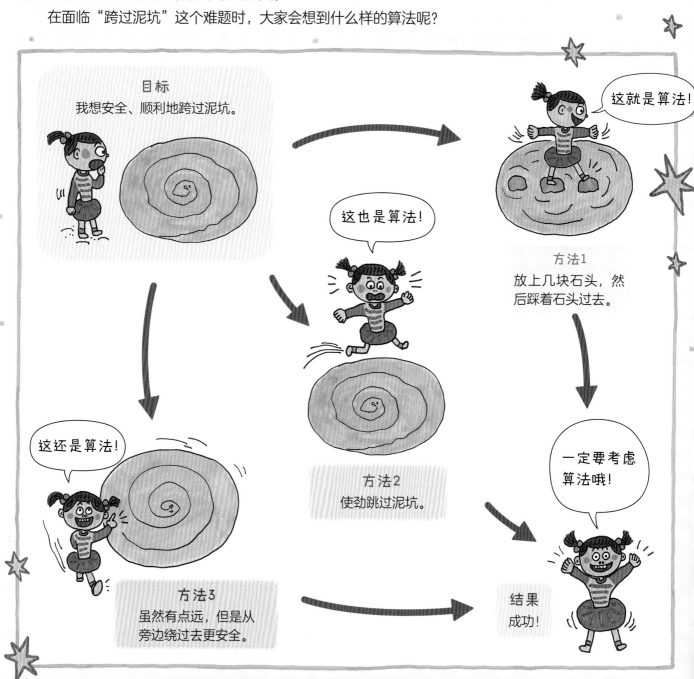

目标
我想安全、顺利地跨过泥坑。

这就是算法!

方法1
放上几块石头,然后踩着石头过去。

这也是算法!

方法2
使劲跳过泥坑。

这还是算法!

方法3
虽然有点远,但是从旁边绕过去更安全。

一定要考虑算法哦!

结果
成功!

解决问题时，如果我们毫无计划，而且盲目冲动，结果往往事与愿违。

不过，如果能找到合适的方法，问题自然就会迎刃而解了。

那么，到底怎样才能找到更好的算法呢？

其中最重要的一点就是，应该按照什么样的顺序才能最快最简单地解决问题。

◆ **要想把掉进洞里的挖鼻孔机器人救出来，最快最简单的方法是什么？**

方法1	方法2	方法3
1. 坐在洞口。	1. 自己去找大人。	1. 回家拿一根跳绳。
2. 等待大人过来帮忙。	2. 找到后，请他过来帮忙。	2. 将跳绳的一端顺到洞里。
3. 等大人过来时，在他的帮助下将挖鼻孔机器人救出来。	3. 在大人的帮助下将挖鼻孔机器人救出来。	3. 让挖鼻孔机器人抓着绳子爬上来。

到底有没有大人过来帮忙啊？

即便大人来了，也得有像绳子这样的工具才行。

太好了！这是最快最简单的方法。

思考算法，指挥计算机去做，就是编程。在寻找合适的算法的过程中，你就能够学到基本的编程思维。

培养编程思维

要想整理一下玄关前散落得乱七八糟的鞋子，怎样才能找到比较好的算法呢？

小朋友们，你会采用什么样的办法又快又轻松地将鞋子整理好呢？

① **不管要做什么，先动手再说！**

整理鞋子最好的方法是什么呢？

要么直接动手整理，要么先制订计划。不管要做什么，先动手再说！

想学一项本领，最好的办法就是动手去做。

② **继续做下去！**

不能因为事情不按预先设定的计划发展就半途而废。

再次动手做事之前，要好好想想哪里做得不对，然后重新调整方法。

③ **问题终于解决了！**

始终坚持不放弃，这样不但能找到解决方法，还能培养自信心。

将爸爸的鞋子、妈妈的鞋子、我的鞋子分别整理好，然后放入各自的鞋柜里。

1. 将爸爸的鞋子一双双地收集起来。

2. 将妈妈的鞋子一双双地收集起来。

3. 将自己的鞋子一双双地收集起来。

4. 将每个人的鞋子一双双地放进鞋柜里。

长筒靴没放进鞋柜里啊？

啊？

遇到这样的问题，你会怎么做呢？

请小朋友们根据下面的图画想一想算法，设定一下摆放的顺序吧。

1. 将一双双鞋子收集起来。

2.

3.

4.

这肯定是最好的算法了！